食雨天奇石选

杨伯达

庚寅

国家文物鉴定委员会委员
北京故宫博物院研究员（原副院长）杨伯达先生题写的书名

SHIWEITIAN QISHIXUAN

食为天奇石选

SHIWEITIAN QISHIXUAN
YU RUIJUN

食而天奇石选

朝华出版社

于瑞军　著

中国观赏石协会会员。1966年出生，男，汉族，研究生学历，国家公务员。曾经先后在《中华奇石》、《中国文物报》、《收藏家》等刊物发表多篇赏石文章。其收藏的以"红烧肉石"为代表的食品类观赏石得到海内外专家学者的关注和高度评价，多次在国内石展和海峡两岸文化交流活动中展出。

肉形石

天下肉形石
本系同根生
隔海互顾盼
相聚终有期

题张家口市
于瑞军藏肉形石

杨伯达
庚寅夏至后五日

TEL 65132255 4 Jingshan Qianjie Beijing 100009 China FAX 65123119
+86 10   北京市景山前街四号   +86 10

杨伯达先生　题词

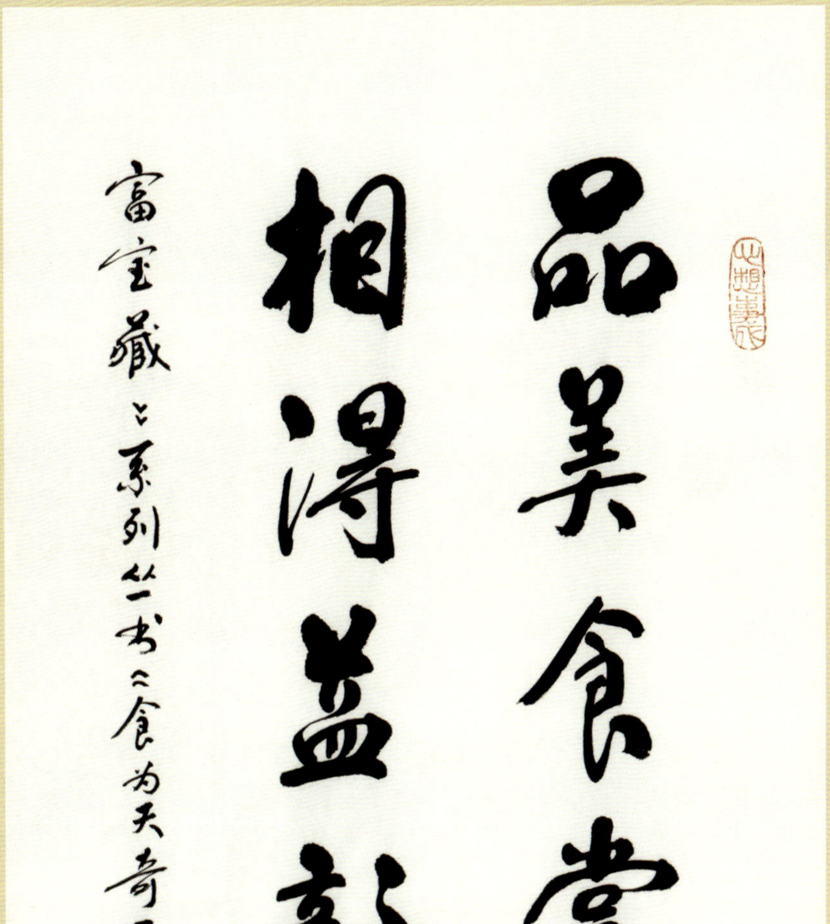

品美食賞奇石
相得益彰

富宝藏之系列丛书《食为天奇石集》题赠之国家财

题赠之国家财

富宝藏之系列丛书《食为天奇石集》

阎振堂

中国收藏家协会会长
国家文物局原副局长阎振堂先生　题词

食品奇石

叹为观止

朱勃腾题

中国观赏石协会副会长
著名奇石收藏家朱勃腾先生　题词

中華奇石　同脉同宗　海内海外　一家親人　隔海相望　姊妹把柁　滄桑變化　終有聚日

賞于先生藏肉形石有感　庚寅季秋月陳溪章書

美籍华人陈溪章先生　题词

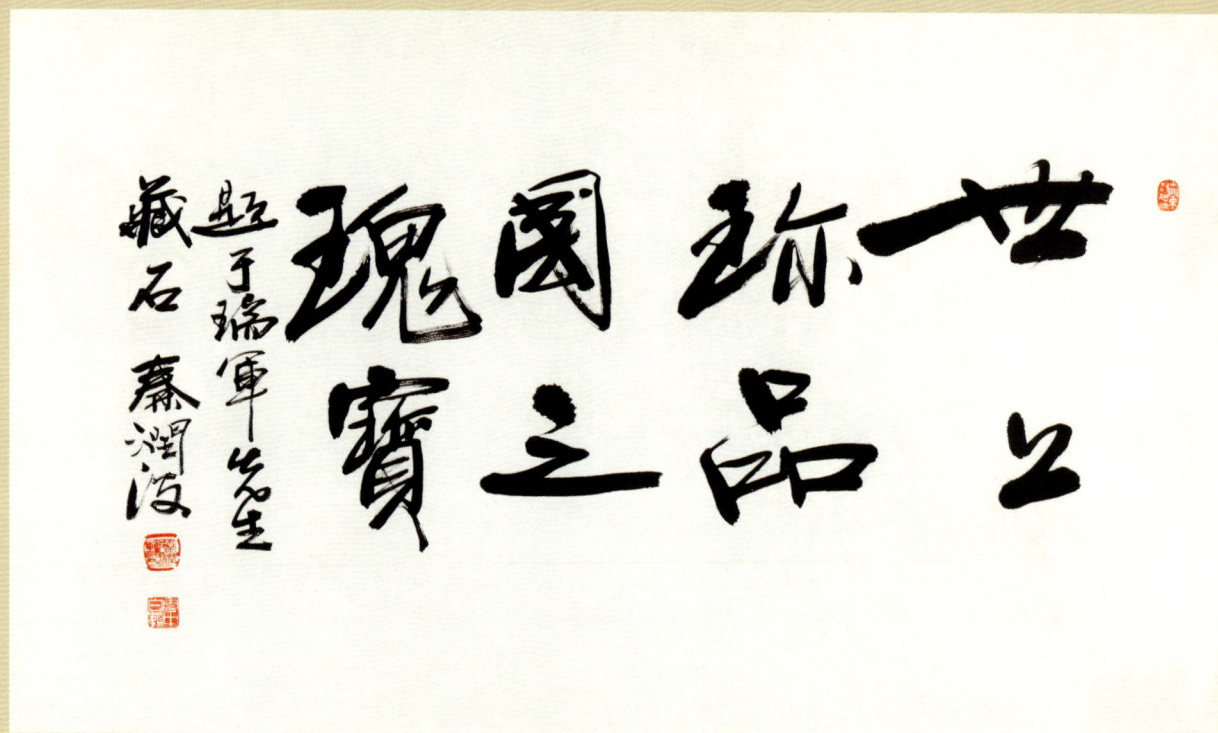

世珍一品 国之瑰宝

题于瑞军先生

臧石 秦润波

中国国际友好联络会理事
中国书画界联合会副主席秦润波先生　题词

杨伯达先生（左三）在鉴赏研讨于先生藏肉形石座谈会上发言

台湾知名人士、财团法人两岸关系友好协会执行长张邦昌先生到大陆欣赏于先生藏肉形石

台湾学者晏扬清博士（右二）到大陆就于先生藏石进行文化学术交流

目录

观赏
于瑞军藏"食为天"奇石有感

杨伯达

  于瑞军先生是河北省张家口市的一名国家公务员。他收藏了数千件精美逼真的食品类观赏石，肉类、杂粮、瓜果、蔬菜等应有尽有，可以说是一位在职的、颇有成就的奇石收藏家。他于2010年5月13日电话与我约见。鉴于他在2009年获得一块红烧肉石，堪与台北故宫博物院珍藏的肉形石媲美，并告知他已初步查明，台北故宫博物院现藏的肉形石是内蒙古阿拉善王爷进贡清廷的。这一席话使我大吃一惊。我在北京故宫五十多年，曾经不止一次地查阅"养心殿造办处各作承做活计清档"以及贡档和相关奏折，竟然没有发现有关肉形石的线索，而于瑞军先生却找到了有用的信息，我深感愧疚。为了查明肉形石的来源，我认为有必要亲赴张家口观赏于先生收藏的红烧肉石和其它食品类观赏石。于是在2010年6月29日赴张家口观赏了于君藏石。

  于君藏石数量较多，肉形石和其它食品类观赏石，琳琅满目、美不胜收，已成系列规模，看后令人大饱眼福。这些奇石不仅有很高的收藏价值，也有着地质学、矿物学和美学等学术价值。我看后，建议他出版一本图文并茂、雅俗共赏的图册，并请收藏家王震、方紫钰协助，由朝华出版社出版。经过一年多时间的忙碌，目前此书出版的准备工作业已就绪，于君盛情邀请我为此图册写一前言。鉴于国家文物局原副局长、中国收藏家协会会长阎振堂先生和著名文化学者吴廷玉教授已为此图册撰写了序言，两篇序文宏阔隽雅，论述全面深刻，十分精辟；于君本人撰写的后记也朴茂诚恳，令人感到无比亲切，我已觉得无话可说，但盛情难却，只好再谈几点看法，权充前言。

我看到于君收藏的红烧肉石，在质、形、色上与台北故宫肉形石有着极大的区别。如果从专业角度来看，实事求是地讲，于君藏红烧肉石的确是原汁原味、不加修饰的天然肉形石。而台北故宫的肉形石是经过加工、烧染的。笔者不揣冒昧推测，此石可能是清代苏州盛行的"琥珀烫"工艺处理过的，虽然似为当今餐桌上的东坡肉，但已失去石头的原生质色感。这是两者的不同之处。但也不能否认二者是同出于内蒙古阿拉善的造化之物，可谓是"天下肉形石，本是同根生"，此其一。

其二是提供了两岸肉形石的历史线索。据于先生讲，他曾经接待过一位专程前来欣赏其红烧肉石的内蒙古石友。这位石友是国家观赏石鉴评师，他说："这块红烧肉石包浆自然、皮壳油润，没有足够长时间的把玩不会有这种效果，应该说是一块'老石头'。这类肉石和台北故宫的东坡肉石的石质相同，应该说都是阿拉善那个地方早些年被人采集的。"同时这位石友还透露，阿拉善现在还有老人知道台北故宫肉形石的有关情况。此事也引起了内蒙古阿拉善盟政协委员、阿拉善和硕特旗第七代扎萨克亲王多罗特色楞嫡孙达兰太先生的重视。为此，达兰太先生做了一系列的调查考证工作。他首先找到并拜访了当年在阿拉善王府担任笔贴式的图布吉日格勒老人。图布吉日格勒说："关于玛瑙奇石的进贡，古有定制。阿旗成立于康熙三十六年（1697年），上不设盟，直属朝廷理藩院管辖。清宫为阿旗规定，每年腊月二十三之前，必须向清宫敬献贡品，俗称年礼，蒙语称'察圪米德'。贡品种类很多，但水晶、玛瑙石是必须有的。其实玛瑙就是散落在戈壁滩上的各种形状的玛瑙奇石。像于先生收藏的这块红烧肉石这类老石头，过去都是王府的东西。那些东西过去老百姓不能捡，采集玛瑙是王爷的特权。但王爷自己不加工，主要用来进贡，进贡的主要目的是向清廷表示臣服恭顺，这个制度一直保留到民国时期。台北故宫博物院的东坡肉石，就是我们王府当年的贡石。达理扎雅王爷说过，那是我们阿拉善第二代王爷阿宝进贡的。"之后，为了进一步证实这个情况，达兰太先后走访了达理扎雅王爷的副官、后人，以及旗博物馆原馆长等人，所得到的结论基本一致，即台北故宫肉形石是当年阿拉善王府进贡到清宫的。达兰太先生办事认真严谨，还专程到山东威海市，拜访了91岁高龄的塔祖华（阿拉善亲王达理扎雅的妹妹、清皇室载涛外孙女）。这位当年王府的格格看了于先生收藏的红烧肉石的图片和资料后，说了一番这样出人意料的话："我三哥（达穆林旺楚克）1947年去了台湾，走的时候只带了些金银细软。很多他平时爱的东西，如玉器、瓷器、玛瑙等贵重物品，都没带走。其中有一块玛瑙石，肉皮红色，上面有毛孔，比豆腐块大点，他平时很喜欢，想带走，但他的二姨太（李黛茜）顾忌'石沉大海'，不让带，说带石头不吉利。今天看到于先生收藏的这块红烧肉石，和那块玛瑙肉形石一模一样，应该说就是那一块。睹物思人，这太让人激动了！这说明三哥的在天之灵还庇护着王府的宝物，没有让它消失。"

达兰太先生调查考证的相关资料，在《内蒙古政协》刊物中有详细记载。这些情况表明，大陆的红烧肉石和台北故宫的东坡肉石，应该是都出自当年的阿拉善王府。

其三，奇石收藏的健康发展，要有正确的文化理论指导。奇石收藏的对象不是用科技手段加工制造的，而是天然的石头。但玩石头的人都承认石头也有灵性，可以相互沟通、心领神会，同时还可感受天公作美的无穷魅力。与书画、陶瓷、玉器等人工制品有所不同，奇石是人类收藏活动的特殊分支。由于它无需购置材料加工制造，广大群众均可参与。很多人经常到山谷或河滩采石，只是下点功夫、花点时间，无须别的什么投资，就可能采集到满意的石头。这个特点促使奇石收藏发展极其迅猛，队伍迅速壮大，交流活动也极为频繁。这种大好形势，从表面看来，是一种在改革发展的大背景下出现的自发活动，但其实不然。从深层次看，是我国历史久远的石文化和赏石崇石传统使然。譬如，东晋陶渊明以片石醒酒；唐代白居易酷爱太湖石，"待之如宾友，亲之如贤哲，重之如宝玉，爱之如儿孙"（《太湖石记》）。宋代有米芾拜石的故事，称其爱石为"石兄"。无独有偶，北京故宫的御花园内现在还陈展着一块图案为"米芾拜石"的奇石，此石可能是明、清时期贡入内廷的。由此可知，皇帝也是爱好奇石的。宋徽宗赵佶时期的"花石纲"更是家喻户晓。南宋杜绾编写了《云林石谱》，为奇石有谱著录的开山之作。明清时期各种奇石的谱录层出不穷，最著名的便是明代林有麟《素园石谱》，该书图文并茂，摹画了从南唐开始见诸史籍图谱的一百多种名石奇峰，还收录了历代许多有关奇石的诗文。清代郑板桥喜赏丑石，提出了"瘦"、"漏"、"透"、"皱"的审美标准，后人沿用不悖。凡此种种，历代很多诗人画家都留下了赏石爱石的轶闻趣事。其实，这些美谈佳话都涵盖着深厚的文化基因。目前奇石收藏热火朝天，在当今收藏领域中，是规模最为广泛的一种群众性收藏活动，其中也有些文化人在探讨其文化内涵，这一点非常重要。一个群众性的活动，如果没有正确的理论指导则会迷失方向，也难以持久地、有序地健康发展。现在已经有越来越多的人喜爱收藏奇石，据悉台北故宫博物院早已将清宫收藏的肉形石誉为镇院之宝之一，这都是承传中华传统文化的必然，是完全可以理解的。赏石文化是古老的石文化中的一个分支，古人没有认真地加以总结，于是这种理论性的探索工作便落在当代奇石收藏家的肩上。阎振堂先生撰写的序言指出，于君为我们探讨、丰富观赏石文化的内涵做出了成功的尝试。笔者观看于君藏食品类奇石系列之后认为，他收藏的红烧肉石与台北故宫博物院的肉形石，被誉为相联袂的"姊妹石"是可取的。因在不同的时间被人们所发现，并有着不同的归宿，它们不仅有着相似的审美标准、鬼斧神工的艺术魅力，还有着共同的中华传统石文化及其衍生的奇石文化的积淀。笔者希望当代的奇石收藏家，为了时下奇石收藏蓬勃健康发展，要关注奇石文化理论的探讨研究，勇于承担责任。这实际上是借奇石收藏热之机，进而追踪中华文化源之举。

其四，大家都盼望两岸肉形石有朝一日能像"山水合璧——黄公望富春山居图特展"那样，在大陆和台湾公开展出，供两岸人民欣赏。我认为，就两岸老百姓来讲，对毛公鼎的关心、喜爱，远不如对肉形石、翡翠白菜这类和生活密切相关东西更感兴趣。何况于君藏食品类奇石，不但有精品，而且有规模、成系列，可以吸引公众的眼球。这是办展览的物质基础。但注意，搞展览不是打擂台、也不是比高低，要强调同根、同源、相聚的意思。如果宣传得好，会促进文化交流、加深两岸同胞情谊，这也是我为于先生藏石题词中所讲"隔海互顾盼，相聚终有期"的意思。我相信这不仅是于瑞军先生的期望，也是两岸人民的心愿，理应得到满足。希望有一个国家级的博物馆或有关部门出面来做这件事。

仅以此短文为前言，不妥之处欢迎指正。

杨伯达

2011年9月24日（秋分后一日）草成于陋室

要多角度审视观赏石的社会文化价值

—— 浅谈《食为天奇石选》昭示的观赏石之人文内涵

阎振堂

近年来，观赏石的收藏鉴赏活动日渐日盛、方兴未艾，但在观赏石收藏方面有特色、成系列的，却不是很多。《食为天奇石选》是《国家财富·宝藏》编辑部推出的"中华名石"系列丛书的第一部，这其中有作者于瑞军先生收藏的成果展示，也汇集了杂志社全体同仁的编采智慧。长期以来，我们对于观赏石的功能，主要局限于审美娱乐和陶冶性情两个方面。看了这本书收录的奇石，并通过与于先生交流，我觉得不但其藏品件件珍稀、个个精品，而且其对观赏石文化内涵的认识也有独到的见解。归纳起来，主要有以下几点：

一、观赏石既是审美对象，又可以是表现其它文化的艺术手段。中华文化源远流长、博大精深，有书法、有绘画、有雕塑、有音乐、有舞蹈等。观赏石的很多精品可以充分展示这些艺术的美，但于先生用观赏石来表现色彩缤纷、造型复杂的饮食文化，而且表现得如此惟妙惟肖、淋漓尽致，让人耳目一新。中国饮食文化历史悠久、深厚广博，分为生食、熟食、自然烹饪、科学烹饪4个发展阶段，各种食品菜肴讲究"色、香、味"俱佳。其选料之广泛、做工之精细、色型之华丽、命名之文雅，是其它任何国家比不了的。纵观于先生收藏的这批"食品"，对中华饮食文化表现是全方位的。一是品种齐全。本书共选录了100种"食品"的图片，有肉食有面食、有菜蔬有果品、有杂粮有海鲜、有生食有熟食等等，可以说是五花八门，精彩纷呈。二是色形俱佳。其颜色形状非常接近自然实物，尺寸大小与实物比例基本一致，质感生动、韵味十足。如生肉红润、烤肉焦黄、面食洁白、蔬菜鲜嫩，令人观之生津、垂涎欲滴。三是题名讲究。在菜名的题取上，基本上是按照食谱名称规范化的原则，在专家指导下命名的。可以说是一部奇石类的"食谱"。观赏石的这种艺术延伸表现功能，可能是我们有些石友不曾料到的。

二、观赏石既是自然矿物，又可以是演绎人类文化产品的模具。中华民族的先民们基本上生活在北方，猪、牛、马、羊肉和五谷杂粮，是我们祖先的主要食物。"民以食为天"，饮食文化的历史绵延数千年，承载了社会文明进步很多信息。从于先生收藏的这批食品类观赏石来看，主要是猪、牛、羊肉和五谷杂粮及各类果蔬，较为完美地再现了各类食品的质、形、色的特点，解决了一个历史上从来没有解决好的问题，即以固化物态的形式留存了饮食文化的历史见证。如书中图录的"糜米"，古称稷，是粟类的一种，原产于北方黄河流域，适合在干旱地区生长，是我国古代的主要粮食作物。但这种农作物因其产量低，现在已经很少种植了。所以这些玛瑙石的"糜米"很有留存的意义。食物是碳水化合的有机物，有霉变易腐、难于保存的特点。如何把五彩缤纷的美食佳肴永久地记录下来，于先生的这本书提供了一个可以借鉴的思路，即用观赏石来长久地展现食物的历史形态，这样就为观赏石增加了赏心悦目之外的"实用性"功能。

三、观赏石既是艺术品，又可以是诠释哲学精神的佐证。道教是中国土生土长的宗教，是中国古代重要的哲学流派之一。道教以老子《道德经》为主要经典，主张"人法地、地法天、天法道、道法自然"。意思是人类的创造要崇尚自然、师法自然，而不可能超越自然。于先生曾经慨叹："在收藏这些具象食品类观赏石的过程中，我再次领略到《道德经》的观点是非常有道理的，也再次体会了中国古老哲学的魅力。"我在欣赏完本书图录的藏品时，也深有同感。当我们的厨师为制作一道色泽鲜艳的菜肴，运用烧、烤、炝、煮、蒸、炸、焖、煨、炖、熏等技法反复尝试时，大自然已在岩浆冷却凝固的瞬间造就了美轮美奂的一切；当我们的厨师为一个漂亮的菜型精雕细刻时，大自然已在风霜雨雪磨砺侵蚀的过程中完成了精妙绝伦的雕饰创作。这些自然形成的"食品"，有的颜色丰富足以乱真；有的形态造型极其准确；有的质感松软细腻滑嫩。在大自然鬼斧神工般的杰作面前，这些"食品"，有的让人匪夷所思；有的让人忍俊不禁；有的让人拍案叫绝。"曾经沧海难为水、除却巫山不是云。"人类的创造能力是很有限的，或者说是很渺小的。在大自然面前，人类很多时候要老老实实地当小学生，"师法自然"。于先生将观赏石理念上升到哲学层面来思考，笔者认为是非常难能可贵的。

四、观赏石既是文化载体，又可以是服务国家的器物。历史上曾经有这样的典故，战国时期，秦国曾经拟以十五座城池换取赵国的"和氏璧"。本书中图录的"红烧肉"，是一块可以和台北故宫博物院镇院之宝——"东坡肉"媲美的肉形石。《人民日报》（海外版）以《台北故宫"东坡肉"有了姊妹石》为题目进行了专门报道。在海内外引起很大反响。我国文物收藏界泰斗、北京故宫博物院原副院长杨伯达先生亲自到张家口进行了鉴赏，对于先生收藏的食品系列观赏石给予了高度评价，同时为于先生收藏的肉形石题诗一首："天下肉形石，本系同根生。隔海互顾盼，相聚终有期。"台湾多位名人学者到大陆专门观赏了红烧肉石。其中有一位曾很有感慨地说："这是一件国宝级的宝物。元朝画家黄公望有幅传世作品——《富春山居图》，现在有一半在台湾、一半在杭州。据说这幅画很快就能团聚。与此相类似，台北故宫的肉形石和我们今天看到的这块肉形石，互为'姊妹石'，我相信将来也一定能够团聚。"美籍华人陈溪章先生曾专程两次赴张家口鉴赏了"姊妹石"，之后欣然题词："中华奇石，同脉同宗。海内海外，一家亲人。隔海相望，姊妹相称。沧桑变化，终有聚日"。观赏石，由艺术感悟而引发出爱国思乡之情，应该说是观赏石文化的另一种境界。于先生的这种赏石观，蕴涵了高度的社会责任感，让人耳目一新、肃然起敬。

本书是我国第一部食品类象形石专著。书中图录的奇石，具有极高的收藏价值和观赏价值，值得广大石友细品。

阎振堂

2010年12月26日

澄怀味象悟真谛

——于瑞军藏食品类象形石之人文价值与自然启示

吴廷玉

笔者曾有幸参观欣赏了于瑞军先生收藏的数以千计的食品类象形石，以此书图录的藏品为代表，既有新鲜的水果蔬菜，又有稔熟的五谷杂粮，形象无不惟妙惟肖，真是造化钟灵毓秀，简直可以称之为造化、或者说上帝点化的食物标本。记得著名数学家柯林·麦克劳伦在其《牛顿哲学发展概述》一书中谈到大自然的神奇时，有一段话说得非常精彩，特别有助于我们对观赏石的品味和感悟。他指出："事物的无穷无尽的美妙性和多样性，使得它（指大自然）永远都是可爱的、新颖的和令人惊异的"，大自然"磅礴六合，以一种表现为绝不因最大的空间距离或时间间隔而减弱的力量和效能在起作用，而那种智慧我们同样看到在那些最伟大和最精微的各种部件的精巧结构和精确运动中显示了出来。这些显然都是被十全十美的善在引导着，它们成为了一个哲学家所思考的至高无上的对象；当一个哲学家在观照和赞美一个如此之优异的体系时，他自身也就不能不受到激动和鼓舞而要回应自然界这种普遍的和谐。"我不是哲学家，但面对于瑞军收藏的这些由食品类观赏石构成的"优异体系"时，受到的不仅仅是激动和鼓舞，而是一种巨大的心灵震撼。

现代人对于奇石的看重，一般不外乎收藏增值和观赏把玩两种心态，这自然是正常的、无可厚非的。不过，博大精深的中国观赏石文化远不止于此。在古人的意识中，观赏石不同于其他器物或其他艺术，它是以一种很纯粹、很自然的方式喻示着某种深远而永恒的自然蕴涵，它的诱人之处并不体现在技艺上，因为它远远高于一切技艺，或者干脆说，超越一切技艺，因为相对于天造地设，人的一切技艺所为都不过是雕虫小技。而中国观赏石文化作为对一种完全不假雕琢、不事修饰的纯自然美的欣赏与推崇，无疑会加深人们对于大自然之神奇的更为深刻的认识，提升人们对于大自然无限美妙的感受力和理解力，从而使人类更加懂得尊重自然，珍惜自然。在这种观赏石文化的熏陶下，人们把对于自然的热爱转化为一种很纯粹的审美冲动和审美敬畏，所以，观赏石的本质是在欣赏人对于自身的超越性，在于欣赏大自然的绝对优越性。这里也体现出人类对于自然存在着一种永恒的依存关系，因此，观赏石文化所蕴含的人文精神就是自然精神。马克思在著名的《1844年经济学哲学手稿》中曾经指出，彻底的人本主义等于彻底的自然主义；彻底的自然主义等于彻底的人本主义。中国观赏石文化恰好体现了这两个彻底。

　　于瑞军先生收藏的这些美轮美奂的食品类观赏石，令我一见倾心，当然并不全是因为这些奇石具有赏心悦目的美，更重要的是因为这些奇石所喻示的某种哲理深深地感召了我，流连之际我想起被誉为"自然之子"的英国著名诗人华兹华斯，他有一首题为《规劝与回答》的哲理诗。诗中这样写道：

自然的珍宝你探不到底，

它既能怡情，又能益智。

健康会给你自发的智慧，

舒畅的心情会给你真理。

来自春天树林的一种天机，

会教给你认识许多东西。

　　关于人，关于善和恶的道理，

　　这要胜过一切哲学的教义。

　　按照华兹华斯的说法来推论，天造此等奇石一定有着某种隐秘寓意，这些石头真是奇妙极了。我不由得突发奇想，上苍造化食品时是不是有两套造物系统？一套是活化系统，就是大千世界展现给我们的五谷杂粮、蔬菜水果；另一套则是石化系统，即每一种食物造化都进行了备份，这些备份本来是深藏不露的，现在却让于瑞军获得了。这里一定是有说法的。作为严谨的学术探讨，我自然不敢妄加揣度，但是一种天启人智的诗性激情，还是令我忍不住生发出跨界的奇思。于瑞军先生或许是负有某种使命的，这就是重新激起我们对大自然的敬畏之情，他的那些食品类象形石莫不是上苍在向人类昭示着某种不可违反的"天则"或"天理"？

　　现代社会，人们单方面强调以人为本，而忽视了人之本在大自然。从根本上说，大自然是人类的生存发展的基本依托，并不是供人类仅仅以自身为本而盲目开发利用和肆意破坏的资源。从某种意义上讲，中国观赏石文化揭示了人与自然的和谐关系、对话关系，启示人们用心来贴近自然、体会自然、感悟自然，真诚地与自然对话，将自然所赋予我们的所有升华为能与自然相通相融的自然精神。比如，中国古代观赏石文化有一个重要命题叫做"石令人古"。这个"古"，即是"高古"和"博古"。因为古人认为石是天地间至精之物，是大自然的精灵。白居易在《太湖石记》中说："天地至精之气，结而为石"。石中蕴藏着历古至今的宇宙信息和历史意蕴，人能沉浸其中品味其意，就会达到一种疏瀹五脏、澡雪精神的效果，有助于重建归真返璞、"古道热肠"的人伦世界。

当年，孔子揭示卦象符号的意义时说道："圣人之意岂不可见乎？曰，圣人立象以见意。"这些奇石应该视为大自然为人类立的一种"象"，发出的一种呼唤，与自然背道而驰的人们该是观象悟意、迷途知返的时候了。这就是我在沉吟于这些食品类象形石之际的所感所悟。

（本文作者吴廷玉，教授、文化学者，长期从事文化与美学研究，著述颇丰。本序言为作者撰写的学术论文《天工秘制　人间偶得——于瑞军藏"红烧肉石"之人文价值与自然启示，兼论中国赏石趣味及赏石文化的本质》之第三节。）

（一）肉食类

001 红烧肉

石种：玛瑙（北大宝石鉴定中心检测，鉴定证书编号为Hy100200068）

规格：12×11.5×5.5cm

这是一块六面可赏的肉形石，看上去金颤颤、红巍巍、油滋滋、香喷喷，可谓色香味俱佳，令人垂涎欲滴。不论是皮、膘、肉，还是皮上毛孔，无不酷似真正的红烧肉。肉皮呈焦黄色，层次分明；皮下的脂肪层洁白细腻，如白玉凝脂；瘦肉部分质地鲜嫩、色泽红润。尤其令人叫绝的是，肉皮上的毛孔粒纹清晰平滑、排列有序，与猪肉真皮毛孔的特征完全吻合。肉形石贵在有皮，皮上有毛孔殊为罕见。此石应为上苍赐予之神品！

红烧肉石俯视

注：

此肉形石系昔日王府旧存贡品，后流失到民间，如今重新现世，被媒体和学术界称为台北故宫"东坡肉"的姊妹石。《人民日报》、《中国文物报》、《收藏家》、《内蒙古政协》、《国家地理·宝藏》、《中华奇石》都曾经对此石做过专题介绍，在海内外引起了很大反响。一些国内文物专家、海外收藏家等有关人士都对此肉形石给予了高度评价。

红烧肉石侧面二

红烧肉石底部

红烧肉石侧面一

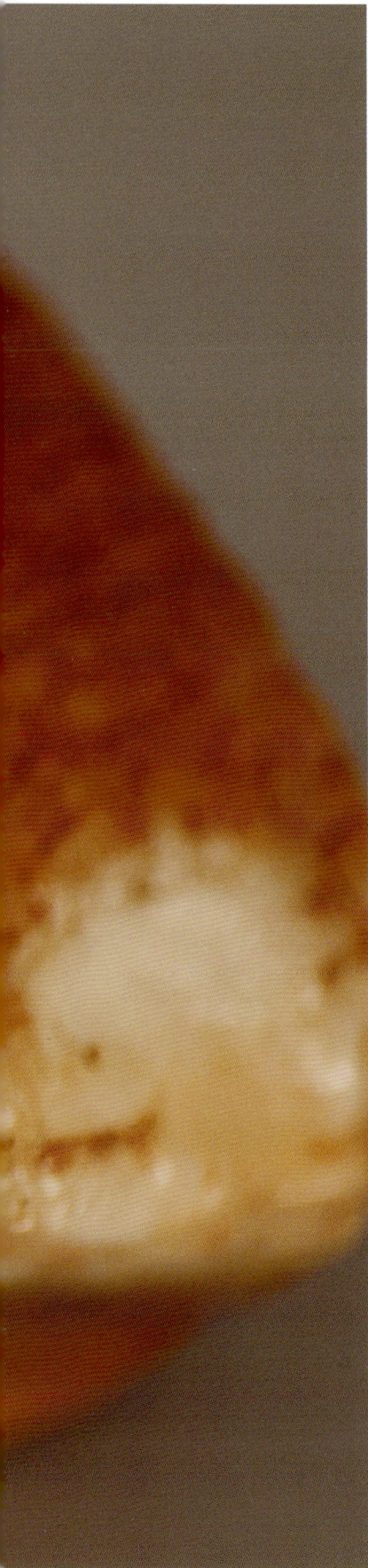

红烧肉石表皮局部

红烧肉石表皮局部微观

东坡肉

石种：玉髓

规格：6.6×5.73×5.3cm

台北故宫博物院藏品。这块肉形石取自一块玛瑙质玉髓，经玉雕大师加工琢磨，并将表面的石皮染色，最后形成毛孔和肌理都很逼真的作品，看上去完全是一块栩栩如生的"东坡肉"。此件肉形石与翠玉白菜和毛公鼎，并称为台北故宫的镇院三宝。

002　离娘肉

石种：玛瑙

规格：17×9×6cm

这块肉形石皮、膘、肉俱全，其形状、大小与北方婚俗中的"离娘肉"相似。旧时北方结婚庆典时，男方去女方家迎娶新娘要送一块长条形的生猪肉，约五、六斤，称为"离娘肉"，表示对女方父母养育之恩的感谢。

003 怀安熏肉

石种：玛瑙

规格：5×3×2.7cm

这块肉形石层次分明，肉皮薄厚均匀、金黄透亮；皮下脂肪洁白细腻，肉质红润细嫩，是肉石中不可多得之精品。其形色质感宛如河北省地方名产——怀安熏肉（也称柴沟堡熏肉），故名。

004 虎皮肘子

石种：玛瑙（北大宝石鉴定中心检测，鉴定证书编号为hy100300006）

规格：5.9×4.5×2.8cm

这块肘子肉，皮薄、膘细、肉嫩，层次分明、比例协调。其形状呈半圆弧形，极富弹性和动感。令人艳羡的是肉皮呈琥珀色，仿佛在散发缕缕诱人的香味，堪称肉形石中之绝品。因其与津菜中的虎皮肘子很相似，故名。

虎皮肘子另侧面

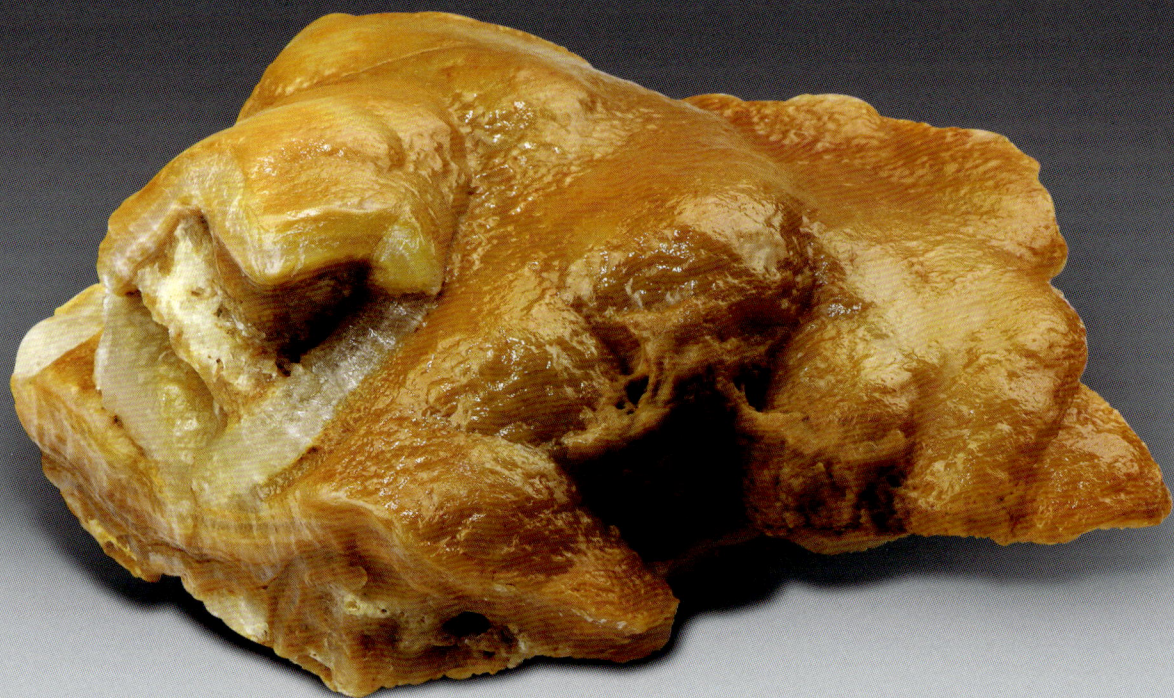

005 炖肘子

石种：玛瑙

规格：14×10.5×6cm

这是一个活脱脱的猪肘子，皮、骨、肉俱全，而且隐约可见关节部位的几道弧形皱皱，令人拍案叫绝！金黄色的肉皮上似乎粘有滑浆汤汁，仿佛刚刚从锅里捞出来。肉石至此，已让人无法相信是石头了。

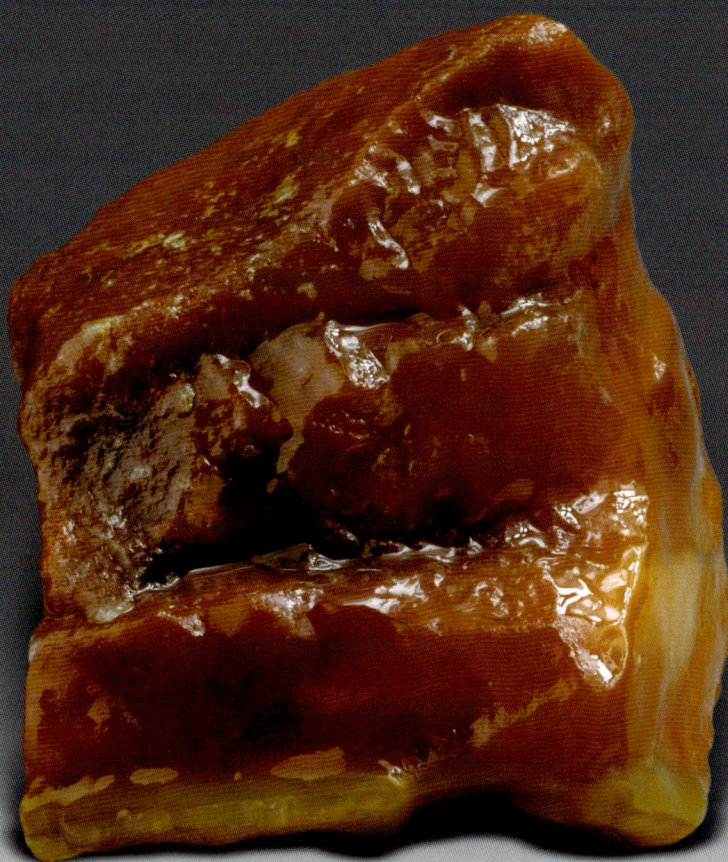

006 霸王肘块

石种：玛瑙（北大宝石鉴定中心检测，鉴定证书编号为Hy100300007）

规格：8.8×7.2×6.7cm

这块肉形石红中透紫、油光铮亮，看上去外酥里嫩、娇艳欲滴，与北方传统名菜——霸王肘块相似，故名。石头乃静寂之物，但此石通体洋溢着鲜活的气息，应为肉形石中之珍品。

007 五花肉

石种：玛瑙

规格：13×11×2.5cm

这块肉石皮、膘、肉俱全，层次合理，比例
协调。尤其难得的是其肉皮部分呈半透明状，
有胶质感，和猪腹部的五花肉相近，故名。此
石质、形、色几可乱真，应为肉形石之精品。

008 扒肉条

石种：玛瑙

规格：盘经23cm

初次看到这些长条形片状肉石时，笔者忽然想起了
"扒肉条"这道北方名菜。扒肉条是用猪肉加工而成，皮
红肉白、肥而不腻，色香味俱佳。猪肉石难寻，寻一盘这
样形状大小一致的猪肉石，而且具象扒肉条，殊为不易。

009 元宝肉

石种：玛瑙

规格：4.7×4×2cm

这是一块质、形、色俱佳的肉形石。皮色金黄、层次分明，状如湖北地方名菜——元宝肉，故名。其弧形表面极富弹性和美感，让人不忍下箸。此石应为肉石中之珍品。

010 猪蹄髈

石种：戈壁石

规格：15×15×7cm

这块肉形石和猪的后蹄髈肉相似。其皮上的毛显然刚刚褪过，毛孔部位渗出殷红的血迹清晰可见。皮肉下包裹的骨头呈青白色、齐茬儿，说明屠夫手头的功夫甚是了得。此石足可以假乱真。

011 腊肉

石种：戈壁石

规格：45×23×5cm

腊肉一般是用鲜猪肉切成块状或条状，用盐、酒、葱、姜等拌匀腌制，再经烘培、熏烤及日晒而成。这块老皮戈壁石宛然一块优质腊肉，其外观色泽鲜明，肌肉暗红色，看上去肉身干爽结实，富有弹性。

012　猪后座

石种：戈壁石

规格：19×15×10cm（大）

　　这块肉形石五花三层分明，瘦肉与脂肪厚度相当、红白相间、色泽鲜艳，与猪后臀肉（俗称猪后座）一般无二，故名。旁边配一块带皮的生蹄膀肉，生嫩鲜活，似乎这是刚刚上市的鲜猪肉。

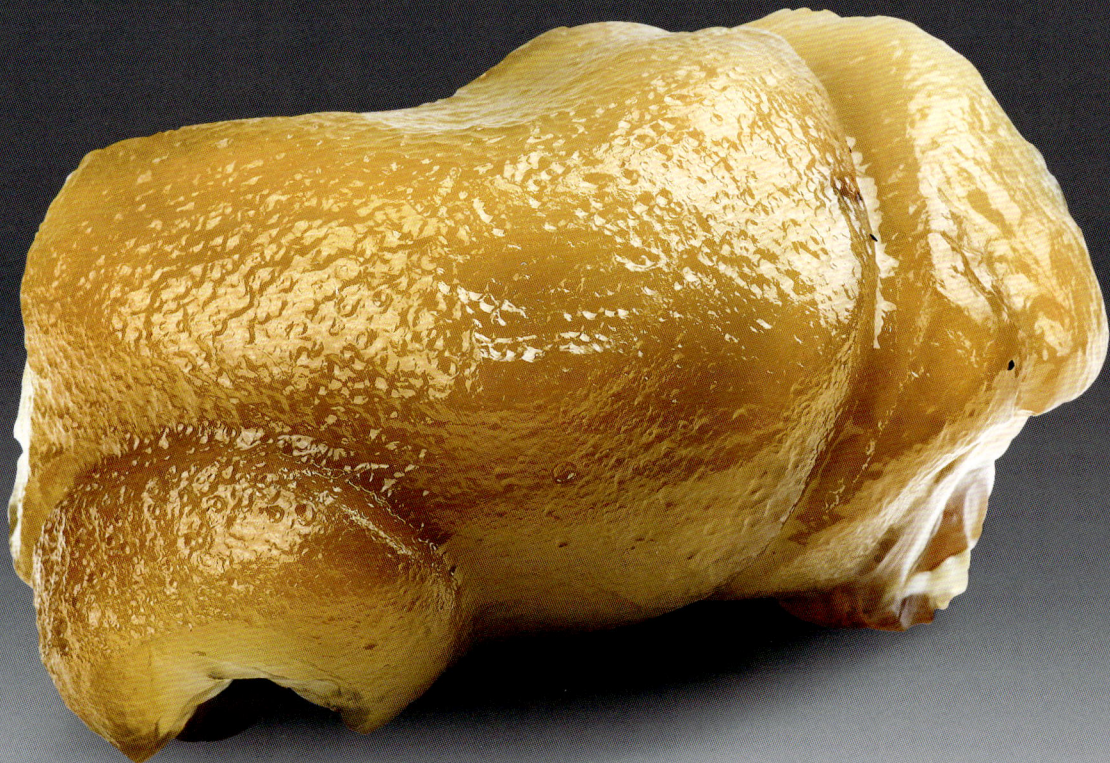

013　烧肘子

石种：玛瑙

规格：10×8×6cm

　　这是一块皮、膘、肉齐全，质、形、色俱佳的肉形石，与烧肘子一模一样。特别是肉皮上的毛孔宛然可见，令人拍案叫绝！北方人烧肘子时，为了达到酥烂绵软、入口即化的效果，经常用线绳把肘子肉捆紧放到锅里用温火慢炖。这块肘子肉皮上那两道线绳勒出的深深印痕，清晰可见。真是鬼斧神工、天赐珍品。

烧肘子角度一

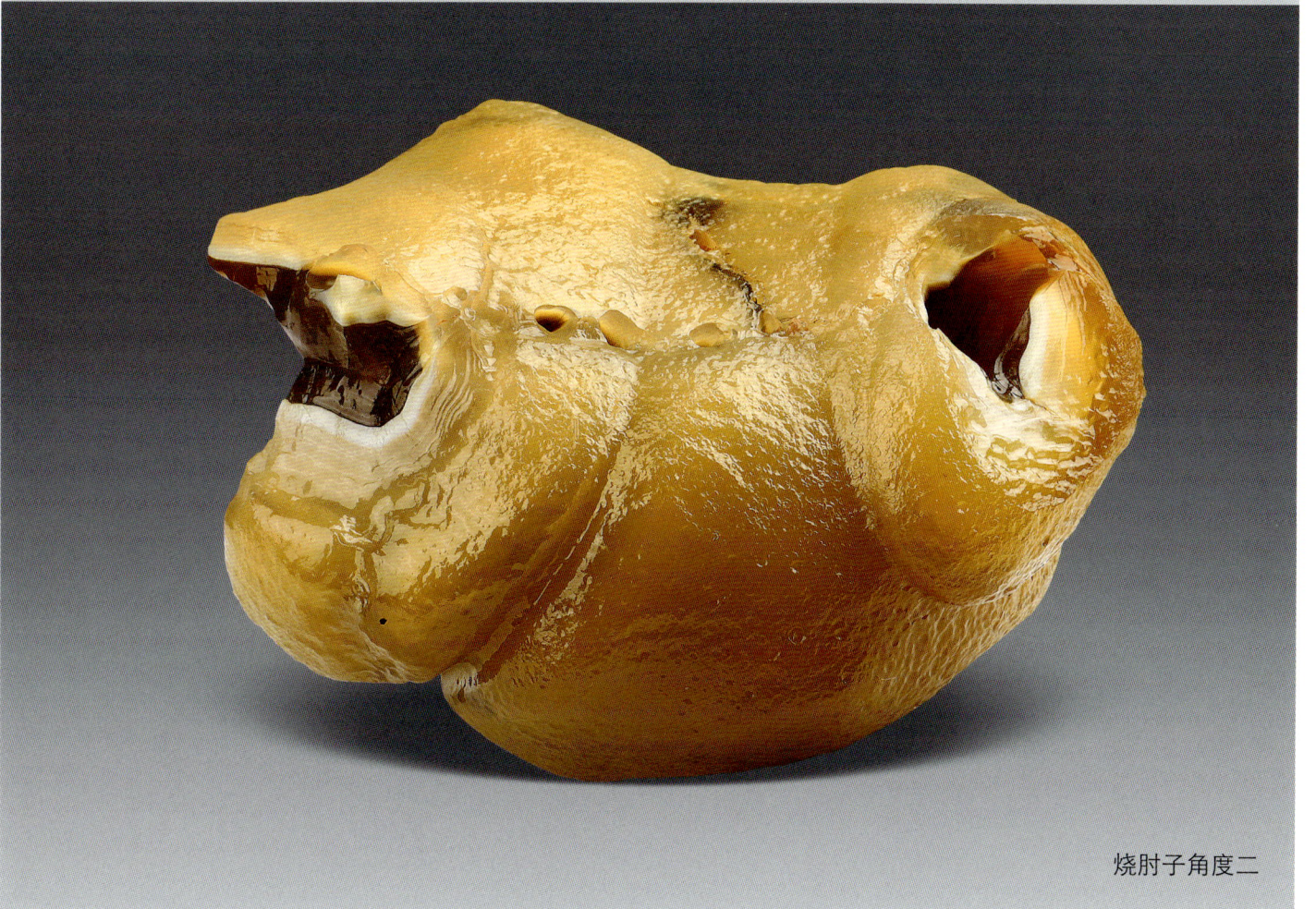
烧肘子角度二

47

014 猪头肉

石种：戈壁石

规格：18×14×13cm

　　这块肉石具象一块原汁原味、原形原色的猪头肉。肉皮上面肥膘部分薄厚适中，刀痕规整；瘦肉部分层次分明，给人感觉酥烂可口。其大小比例与实物一致，堪称象形石之精品。

015 火腿肉

石种：黄蜡石

规格：28×14.5×6cm

这块肉形石是从一家奇石店淘来的，形状呈半椭圆形，肉质肥腴丰满，色泽红黄相间。店老板说这是块火腿肉，仔细端详，果然所言不差，故名。

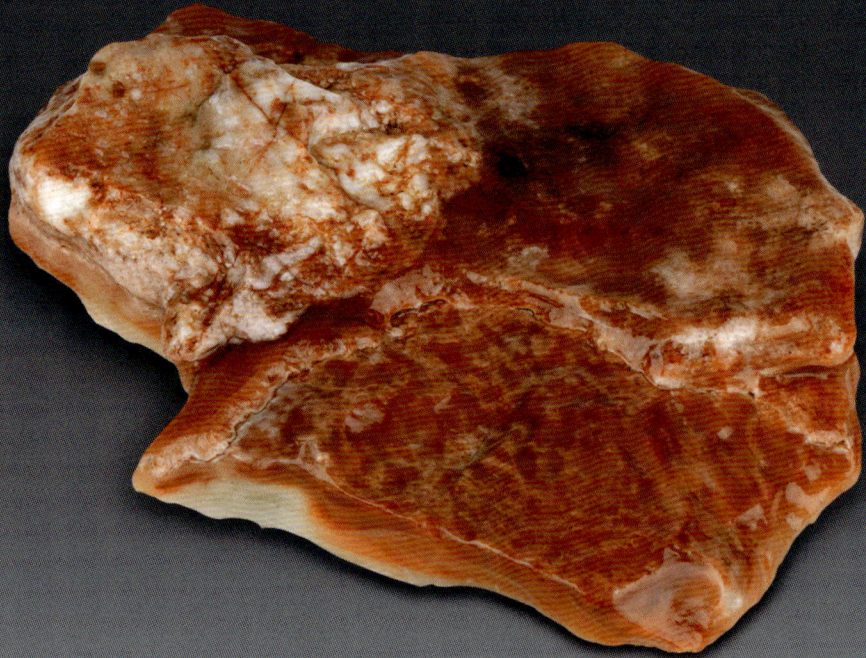

016　牛排

石种：戈壁石

规格：16×14×4cm

这块肉形石很像一块刚刚剥下来的生牛排，颜色鲜艳、薄厚适中。其鲜红的肉质上附着有洁白细腻的脂肪，十分逼真。

017 牛肉丸子

石种：大漠石

规格：盘径23cm

牛肉丸子是很多人喜欢吃的一种食物，没想到大自然中也有。看这些圆圆的、暗黑色的"肉丸子"，可能是拌馅时"老抽"酱油放多了。

018 烤肉

石种：玛瑙

规格：11×4×5.5cm

这块肉形石，肉与皮层次分明，比例协调。肉皮呈半透明暗红色，富有胶质感，令人垂涎欲滴。肉质部分看上去外焦里嫩，香脆可口。有诗为证："严冬烤肉味堪饕，大酒缸前围一遭。火炙最宜生嗜嫩，雪天争得醉烧刀。"

笔者曾梦寐以求一块可以和台北故宫"东坡肉"相媲美的肉形石。得此石，遂愿矣！

019 牛肋条肉

石种：蜡石

规格：19×13×4cm

牛肋条肉是牛排骨下面的肉，肉质呈五花三层，上面为脂肪，下面为瘦肉。这块肉形石与牛肋条肉一般无二，其表面剔骨后留下的刀痕历历在目。

020 家炖牛骨

石种：戈壁石组合

规格：7×6×5cm（小）

这是两块地地道道的"牛骨头"。稍大一些的骨头茬儿坚硬突出，中间含有油兮兮骨髓的疏松小梁状骨质清晰可见。稍小一点的是一块牛窝骨，肉都煮飞了，只剩下骨头了。此二石组合相互映衬，堪称天作之合。

021　海参

石种：蜡石

规格：12×7×5cm

这块蜡石好像是刚刚从海底捞上来的海参，体态柔软蜷曲，全身布满肉刺，十分逼真。此为食品类观赏石之精品。

022　炭烤牛肉
石种：戈壁石
规格：19×17×10cm
　　这块石头是笔者从一位牧民家供奉的成吉思汗像前贡
品中发现的。我问他为什么用石头做供品呢？他说："夏
天熟肉坏得快、放不住。我在河滩上发现了这块石头，很
像炭烤牛肉，就把它捡回来放在这里顶替供品了。"后经
商谈，牧民朋友把这块炭烤牛肉石转让给了笔者。

炭烤牛肉另面

023 牛肉干

石种：硅化木

内蒙古西部产硅化木，大者为树干、小者为枝条，其颜色多为黑、褐、暗红，与烤牛肉颜色相近。这盘细碎的条状硅化木与牛肉干一般无二，故名。

024 盐水鸭掌

石种：玛瑙

规格：盘径17cm

这些管状玛瑙晶莹润泽、淡黄透亮。其表面犹如鸭掌上的鳞片状细纹，形状与南京地方名菜盐水鸭掌一般无二，或掌趾、或掌托、或掌根，无不惟妙惟肖，令人叹服。

025 牛肝

石种：碧玉

戈壁滩像羊肝的碧玉很多，但像牛
肝的碧玉很少见。此石形状、大小与牛
肝无异，色泽棕黄，看上去干香可口。

026　卤水凤爪

石种：玛瑙

规格：6.5×3.5×2cm

这是一块茎束状玛瑙，形状蜷曲瘦长，色泽金黄泛红，酷似潮州地方名菜卤水凤爪。爪趾表皮的螺旋纹清晰、胶质感厚重，似乎皮下饱含芡汁，有灌肠之感，令人食欲大振。此石堪为食品类观赏石之精品。

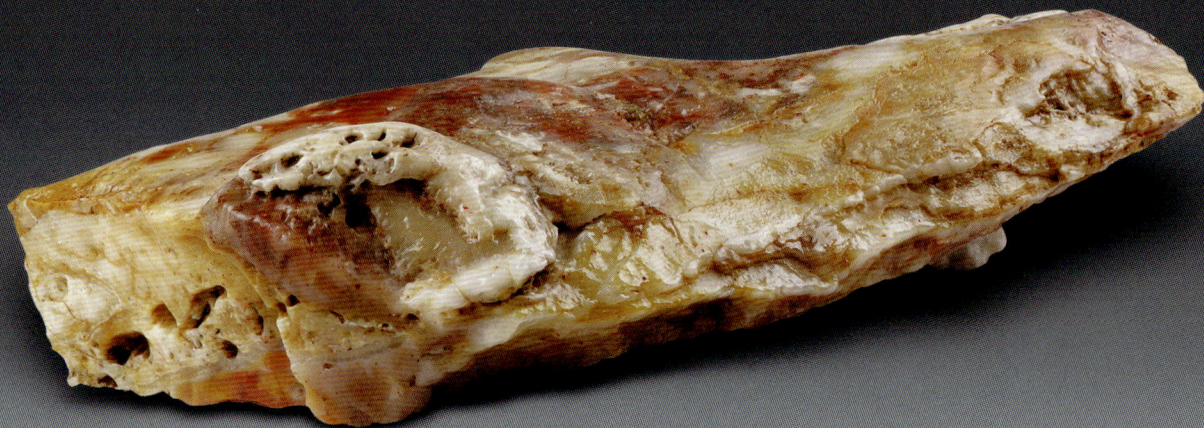

羊腿外侧

027　羊腿

石种：戈壁石

规格：36×18×7cm

　　这条肥硕的"羊腿"形状呈纺锤体，骨相清白，脂肪细腻，肉质鲜红。特别是瘦肉部分，肌肉纤维缕缕毕现，怎么也不会想到这竟然是一块戈壁石。此石应为羊肉石中之精品。

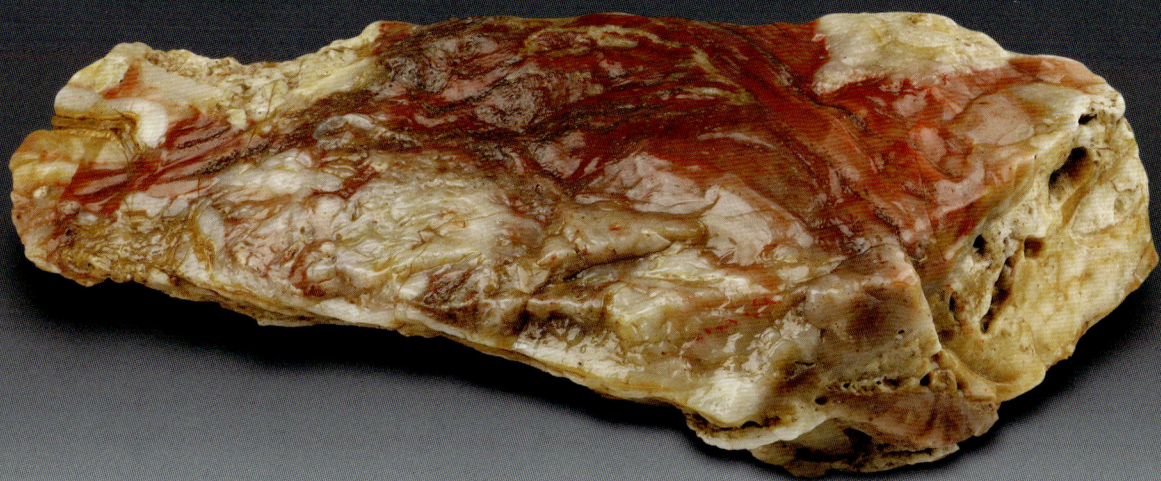

羊腿内侧

028　烤羊排

石种：戈壁蜡石

规格：19×11.5×2.5cm

蒙古烤羊排烤熟后撒上孜然粉，切开食
用，上桌时带刀。此石不但将烤羊排的质
感、刀割的划痕表现得很准确，而且焦煳金
黄的表面似乎在冒着腾腾热气，香气诱人。

029　羊腩

石种：风砺石

规格：12×6×4cm

羊腩是指羊腹部的肌肉。这块风砺石的颜色、层次、质感与羊腩肉一模一样，几可乱真。

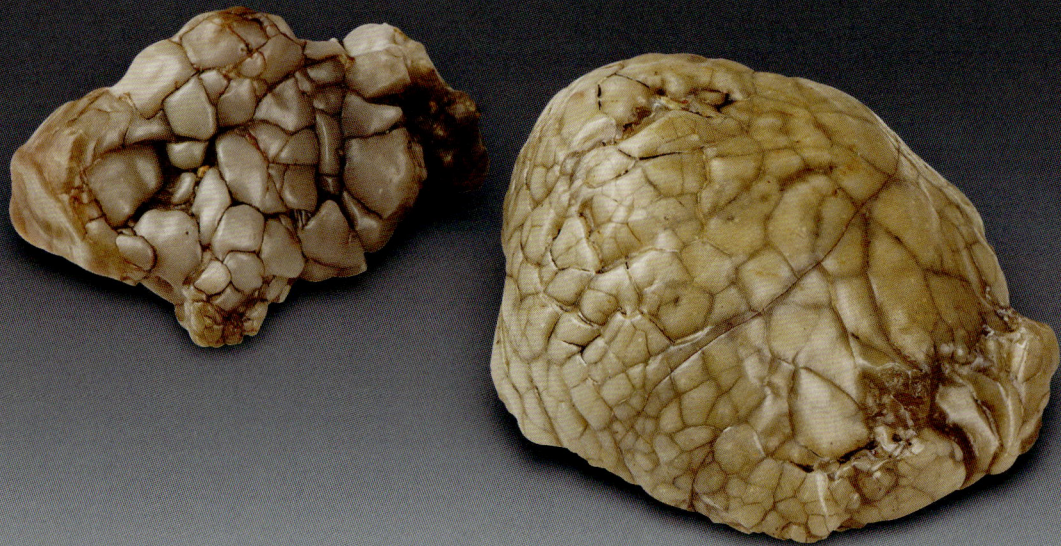

030 羊脑

石种：戈壁石

规格：5×4×3.8cm（大）

　　这两块戈壁石呈暗黄色，其光洁的表面布满了纵横交错的网状纹理，酷似加工好的熟羊脑。大脑和脑干部分都很具象，十分难得，弥足珍贵。

031 羊蝎子

石种：戈壁蜡石

规格：22×10×7.5cm

这块戈壁蜡石的形状、颜色很像刚刚炖好的羊尾骨，其表面油亮的光泽、细嫩的质感让人垂涎欲滴。羊尾骨因形似蝎子也称羊蝎子，又称"肉黄金"，北方人喜食。

032 寒羊尾

石种：碧玉

规格：14×13×5cm

这块白碧玉，一看就是刚刚宰杀、切下来的羊尾肉。白色的脂肪上面附着有鲜红的肉丝，刀印齐整，肉质生鲜，像大尾寒羊的尾巴，故名。

033 苏尼特羊尾

石种：碧玉

规格：24×12×9cm

据一位牧民讲，苏尼特羊品种优良，羊尾巴独具特点：肥、厚、长，去皮后呈倒三角形。这块白碧玉与其特征完全吻合，故名。

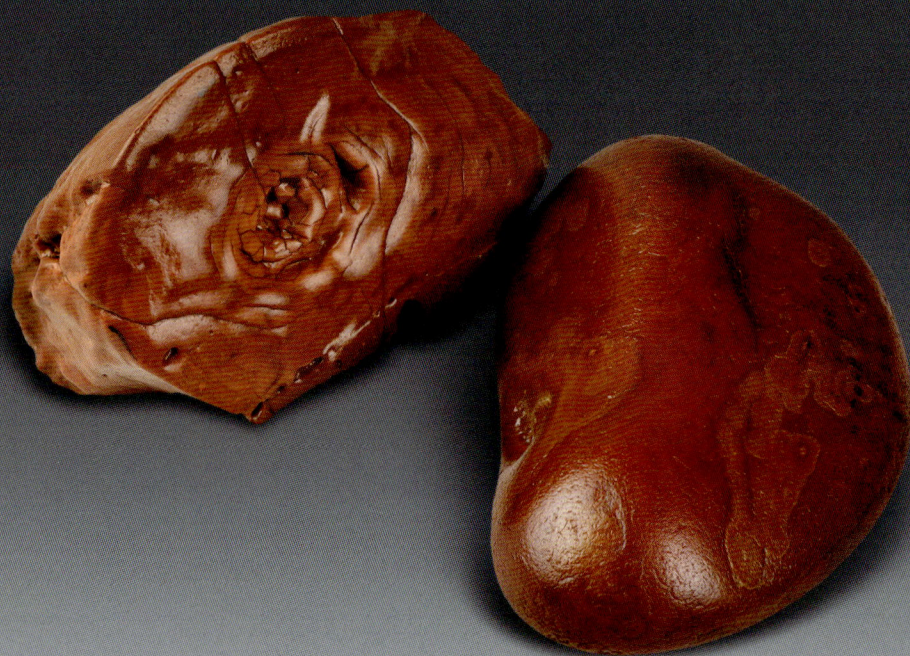

034 羊腰子

石种：碧玉

规格：6×4.8×4cm（左）

这两块红碧玉，不但形状、颜色像羊腰子，而且其剖面露出的脉管，足可以假乱真。此石应为肉类象形石中之珍品。

035 蒙古肉肠

石种：戈壁石

规格：盘径23cm

这盘戈壁石呈腔肠状，表皮光泽油润，寸段数节，与我国北方蒙古族等少数民族群众喜食的肉肠极为相似，故名。

036 蒙古血肠

石种：碧玉

规格：盘径23cm

这四块柱状碧玉，颜色红褐，表皮油
亮，内部填充物瓷实饱满，与切好的蒙古血
肠一般无二。看上去味道香浓，油而不腻。

037 风干肉

石种：风砺石

规格：18×13×10cm

这是一块高原戈壁滩上捡来的风砺石，其表皮有色泽焦黄的沙漠漆，通体布满纵横交错的皲裂纹，像西藏牧民家中的风干肉一样，质感松脆，仿佛食之回味无穷。

038 炖羊肉

石种：戈壁石

规格：盘径23cm

　　这几块戈壁石，像地道的内蒙古炖羊肉，红白
参差、肥瘦相间，膏尽肉干，含浆滑美，观之生
津、香溢四邻。此组肉石为羊肉石中之精品。

039　奶酪

石种：碧玉

规格：盘径25cm

奶酪，有些地方俗称奶疙瘩，是用牛奶或羊奶发酵后熬制成的块状物，是哈萨克族、蒙古族等少数民族喜欢吃的一种食品。这两块碧玉呈乳白色，质地细腻，好像刚刚凝固了的粘糊状奶油，令人忍俊不禁。

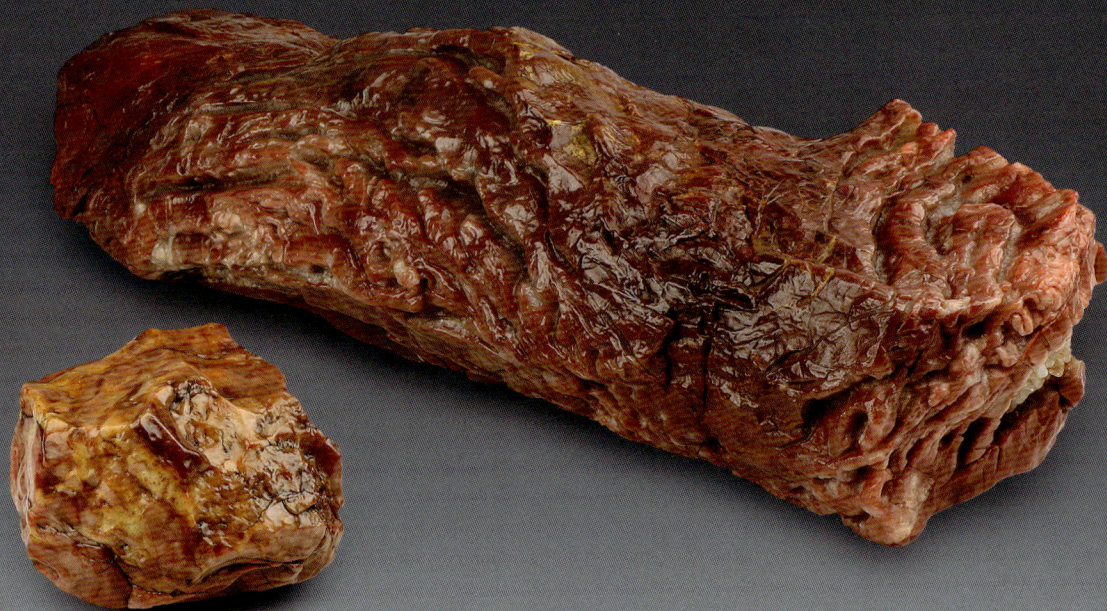

040 驴肉

石种：碧玉

规格：41×13×13cm（大）

这两块红碧玉，块头大些的生嫩，像是刚刚从脊骨剔下来带血的鲜肉；块头小的肥腻，其表面淡黄色的脂肪和细腻的肌肉组织，都与驴肉酷似，故名。

驼峰花肉内侧

驼峰花肉外侧

041　驼峰花肉
石种：戈壁石
规格：16×15×3cm
　　这块戈壁石像肉，肉质细嫩，肥瘦结合。但究竟是什么肉？笔者请教了两位星级饭店的厨师，他们不约而同地说："像驼峰花肉"，故名。

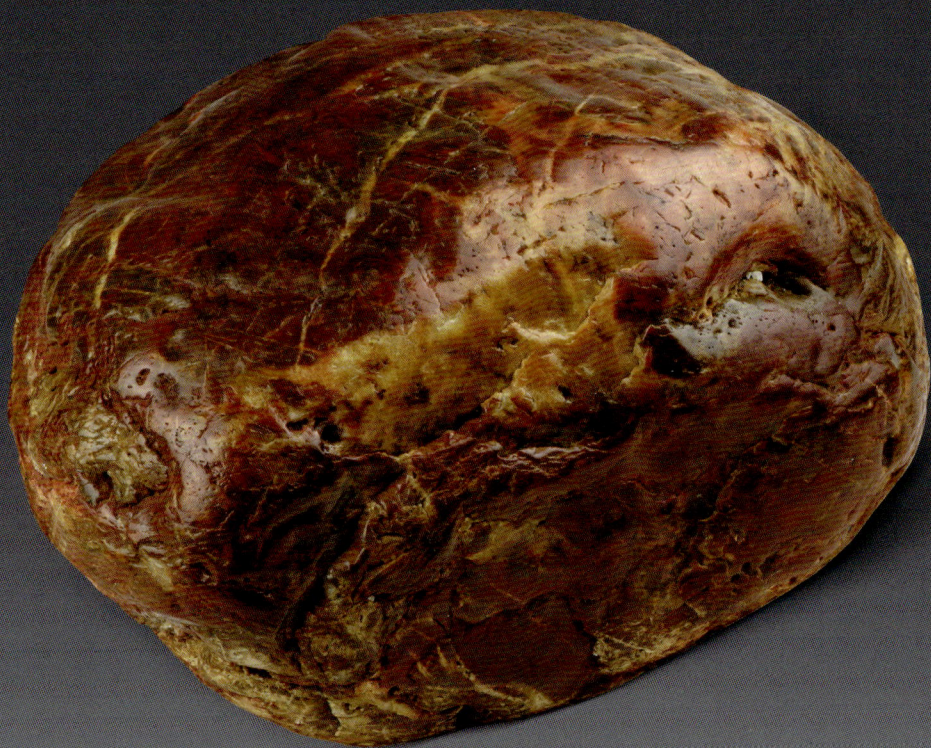

042 牛臀肉

石种：黄蜡石

规格：31×27×26cm

这块黄蜡石体量较大，表皮有光泽，红色均匀，间有淡黄色的脂肪，酷似一块新鲜的牛臀肉，故名。

043 鸭血

石种：碧玉

规格：盘径23cm

　　这盘暗红色的碧玉碎块，和煮熟的鸭血一模一样，给人以滑嫩爽口的感觉，像江南名菜"清肺鸭血"，故名。

044 酱烧鲫鱼

石种：戈壁石

规格：盘径20cm

酱烧鲫鱼是北方一种常见的黄酱烧鲫鱼的做法，成品鱼色泽红亮、香气怡人。这两块戈壁石就像是刚刚出锅的两条小鲫鱼。石虽普通，但题名甚巧，堪称化腐朽为神奇。

045 红烧鱼块

石种：蜡石

规格：盘径23cm

　　这块白蜡石表面布满鱼鳞状花纹，是火山喷发的岩浆在冷却过程中自然形成的。表面附着金黄色的沙漠漆，酷似红烧鱼块，故名。

（二）粮食类

046 大米

石种：玛瑙

规格：盘径15cm

盘中白色的大米颗粒饱满，质地坚硬，色泽清白透明。谁也不会想到这竟然是天然的玛瑙石颗粒，让人匪夷所思。此应为具象食品类观赏石中的珍品。

047 小米

石种：玛瑙

规格：盘径15cm

这些细碎如小米一样的玛瑙石颗粒，是大自然上亿年的风化形成，堪称鬼斧神工："大漠不种谷，但见小米熟。石农不必愁，天无绝人路！"

048　黑米

石种：戈壁石

规格：盘径23cm

这盘细碎的戈壁石颗颗乌黑、粒粒泛光，

和有"黑珍珠"之称的黑米极其相似，故名。

049 玉米

石种：戈壁石

规格：盘径23cm

这盘戈壁石，粒粒如琥珀玉碎，金黄透明而色泽柔和，像是从刚刚熟透了的棒子上捋下来的玉米粒。戈壁石中这种颜色的，十分罕见难得。

050 高粱米

石种：戈壁石

规格：盘径23cm

这些小颗粒的戈壁石，有的呈椭圆形、有的呈倒卵形或圆形，大小不一，颜色红褐，与高粱米十分相似，故名。

051　糜米

石种：玛瑙

规格：盘径15cm

　　糜米是由糜子去皮后加工而成的米。糜子是我国古代
干旱半干旱地区的主要粮食作物，其皮壳为黑色，去皮后
与小米很相似。这盘玛瑙石颗粒看上去很像糜米，故名。

052 红薯

石种：玛瑙

这些红皮玛瑙展现的是一个秋天收获的场面。刚刚从地里挖出来的红薯装满了箩筐。红薯太多，实在装不下了，有两个小一点的红薯从筐里掉出来，散落在一旁。整个画面构图自然，情趣横生。

053 棒渣

石种：戈壁石

规格：盘径15cm

棒渣是指玉米粒粉碎后的细小颗粒，经常用来熬粥。这盘金黄色的戈壁石颗粒，从形色的角度看，与磨碎的玉米渣无异，故名。

054　鹦哥绿豆

石种：玛瑙

规格：盘径23cm

鹦哥绿豆主产地在河北省宣化县，粒圆饱满、色泽鲜艳、沙性较大，是绿豆中的著名品种。这盘绿色玛瑙颗粒与鹦哥绿豆放在一起，足可以假乱真。

055 东北大豆

石种：玛瑙

规格：盘径23cm

我国东北大豆又称黄豆，粒大饱满，色泽金黄，享誉中外。这盘黄玛瑙籽的色、形、质均与东北大豆无异，故名。

056 黑豆

石种：碧玉

规格：盘径23cm

这是从戈壁滩上捡来的黑碧玉小石籽，皮质油润，颜色乌黑，状如黑豆，十分难得，应为象形石之珍品。

057 红小豆

石种：玛瑙

规格：盘径23cm

石不能言最可人。这盘状如红小豆玛瑙，粒大均匀，鲜红光亮，让人爱不释手，由景生情。有诗为证："红豆生南国，春来发几枝。劝君多采撷，此物最相思。"

058　蚕豆
石种：戈壁石
规格：盘径23cm
这些从戈壁滩上捡来的小石子，皮色有乳白、有淡褐、有深褐，形状呈细圆形或方圆形，酷似蚕豆，故名。

（三）瓜果类

059 西瓜

石种：藏翠

规格：30×21cm

　　这块西瓜石，产自西藏雅鲁藏布江北岸海拔3000米以上的山谷中，天然形成。目前全国共发现与此相近的西瓜石仅3块，这是其中较好的一块。其皮色深绿油润，黑色花斑呈细条纹状；形状为椭圆形，大小比例与实物完全一致。不论从质、形、色、纹的角度看，还是从稀有程度看，堪为珍品。

060　水蜜桃

石种：碧玉

规格：9.5×8.5×5cm

这是一块桃形的俏色碧玉，其形状如神话传说中
王母娘娘的蟠桃，尖嘴微偏，白里透红。果肉部分晶
莹剔透，看上去软而多汁，像是刚刚把皮撕下去样
子。其大小比例与实物完全一致，弥足珍贵。

061 苹果

石种：泡泡玉

规格：7×8×8.5cm

这块泡泡玉，配了一个果把，酷似超市卖的美国红蛇果。看上去果肉坚实细密、色彩红艳饱满，体积大小与实物基本一致，觅之实属不易。

062　新疆葡萄干

石种：雨花石

规格：盘径23cm

　　这盘雨花石色泽金黄灿烂，呈半透明状，与新疆葡萄干非常相似，让人望而生津。雨花石虽是寻常之物，但用其表现葡萄干，竟如此具象。

063 红枣

石种：碧玉

规格：盘径23cm

这盘红碧玉色泽、形状、大小酷似晒干的红枣。特别是表皮因缩水而抽干皱巴的感觉极其传神，令人拍案叫绝。

064 乌梅

石种：筋脉石

规格：盘径23cm

　　这是一盘黑色的筋脉石，其颜色、形状、质感与女孩子喜欢吃的乌梅相似，故名。茫茫戈壁滩上，觅得这些均匀相近的筋脉石，实属不易。

065　荔枝

石种：玛瑙、戈壁石组合

规格：盘径15cm

这是一个玛瑙、戈壁石组合。后边两颗圆形戈壁石，皮壳粗糙，表皮颜色由绿而红，像是刚刚从树上采下来的两粒荔枝。前边的一颗圆果状白玛瑙石晶莹剔透、洁白圆润，俨然去皮后的果肉，令人舌下生津。

066 桂圆

石种：玛瑙

规格：盘径23cm

这盘球形果状玛瑙石，其皮壳
呈淡黄色的沙皮纹，质感干爽，
与南方水果桂圆相近，故名。

067 脆枣

石种：玛瑙

规格：盘径23cm

这盘红皮玛瑙珠圆玉润、娇艳诱人，看上去俨然是刚刚采摘下来的脆枣。脆枣是我国北方半干旱地区的一种经济作物。有民谣云："脆枣两头尖，红衣亮闪闪；树梢迎风摆，入口生生甜。"

068 宫廷蜜枣

石种：玛瑙

规格：盘径20cm

　　红玛瑙是一种较为名贵的玉石。而红玛瑙中如此朱红艳丽、流光溢彩的，实属罕见。这盘红玛瑙石的形状、颜色、质感，与过去宫廷名菜——宫廷蜜枣相似，故名。

069 海棠蜜饯

石种：玛瑙

规格：盘径23cm

这盘小玛瑙碎块来自蒙古国，皮色金黄灿烂，质感甜腻松软，仿佛刚刚加工好的海棠蜜饯，令人望而生津。

070 板栗

石种：玛瑙

规格：盘径23cm

这些小颗粒的红皮玛瑙，皮壳呈暗棕红色，颗粒大小均匀，质感坚硬油润，让人想起了春节前大街上香飘四溢的糖炒栗子。

071　黑瓜子

石种：碧玉

规格：盘径15cm

这是一盘状如葵花籽的黑色碧玉颗粒，实实在在地像黑瓜子。笔者在茶几上摆放的时候，曾有一个熟人来串门，拿起来就往嘴里放，其相像程度可见一斑。

072　白瓜子

石种：戈壁石

规格：盘径20cm

　　这是从戈壁滩上采集来的白瓜子。戈壁滩上寸草不生，哪来的白瓜子？令人瞠目。

073 油炸核桃仁

石种：戈壁石

规格：盘径23cm

核桃仁通常是呈两瓣脑状或破碎成不规则状，颜色呈淡棕色至深棕色，有深色纵脉纹。这盘戈壁石既有片瓣脑状小块，也有不规则的碎块。因颜色泛红、质地油润，故题此名。

（四）蔬菜类

074 菜花

石种：戈壁石

规格：11×11×8cm

这是一块让人惊叹不已的戈壁石，太像菜花了！中间为洁白肥嫩的花蕾组成凹凸不平的花球，周边是灰绿色的裙叶，与实物毫无区别，堪称绝品！

075　黑木耳

石种：玛瑙

规格：盘径25cm

　　这盘戈壁上捡来的玛瑙石，质感柔软滑润，

色黑或褐黑，其形状与黑木耳无异，故名。

076 冻豆腐

石种：蜡石

规格：盘径23cm

这虽然是一块白蜡石，但质、形、色与豆腐没有两样，而且特别像北方人冬天喜欢吃的冻豆腐。其体积与实物大小基本一致，应为食品类象形石之精品。

077 口蘑

石种：大湾石

规格：盘径20cm

这是笔者在南方某地石市上淘来的两块大湾石的组合，状如塞北口蘑。其肥厚的伞状菇盖呈黄褐色，粗壮的菇茎惟妙惟肖。大自然的鬼斧神工令人折服。

078　蚝油香菇

石种：戈壁石

规格：盘径15cm

　　小时候，经常能在雨后的树林中采集到这样的蘑菇，回家后放到窗台上晒干，等到了冬天吃。这是一种很美好的回忆。我在饭店吃饭时曾遇到和这盘戈壁石很相似的一道菜，就菜名请教服务员，答曰："蚝油香菇"。

079 冬虫夏草

石种：戈壁石

规格：盘径23cm

这些腔肠状虫形戈壁石，细长蜷曲，有头有尾，包浆自然，颜色呈金黄色、淡黄色或黄棕色，与冬虫夏草放在一起，能以假乱真。此应为具象类观赏石珍品。

080　咸鸭蛋

石种：玛瑙

　　这两枚玛瑙石的咸鸭蛋，一个是剥去皮的，另一个是切开后露着蛋黄的。从具象的角度欣赏，剥了皮的鸭蛋顶部竟然有气室凹陷处；切开的鸭蛋剖面显示出，蛋黄、蛋清的颜色，比例与实物一致，简直不可思议，令人拍案叫绝。

081 松花蛋

石种：套色玛瑙

规格：盘径23cm

这盘玛瑙石碎块附着有黑色碧玉，看上去像是刚刚切开拼好的松花蛋。其蛋清部分微透明的质感、蛋黄部分经腌制已发黑的颜色，令人称道。

082 青豆

石种：戈壁石

规格：盘径23cm

戈壁石色彩丰富，但这种颗粒状豆青色的，少而又少。能拼凑得一盘青豆，实属不易。

083 挂霜花仁

石种：戈壁石

规格：盘径20cm

这些大小如花生米的戈壁石颗粒，表面附着一层薄薄的白色矿物结晶体，像是花生米用白糖炒熟冷却后的挂霜花仁。现在的老年人都清楚地记得，在过去生活比较困难的年代，像这样只要是带点甜味的食品，对于小孩子来说，每一粒都是极大的诱惑！

坝上粉团（上面）

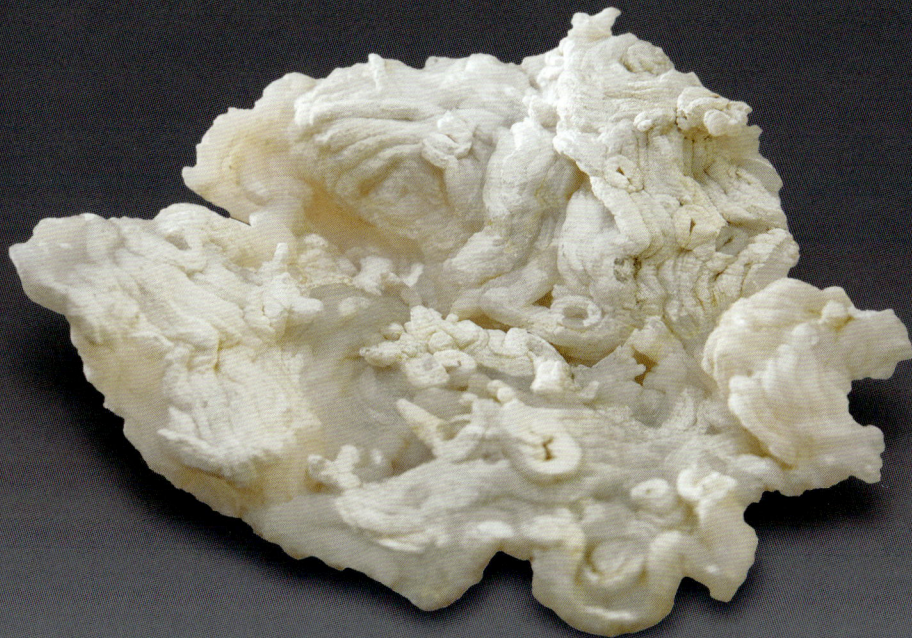

坝上粉团（下面）

084　坝上粉团

石种：玛瑙花

规格：12×10×2cm

玛瑙花也称盘丝玛瑙，是一个稀有石种，以其颜色洁白、造型复杂、空灵毓秀倍受石友青睐。这些盘丝状的玛瑙花，丝丝缕缕盘曲成团，与坝上农村用山药淀粉加工的粉条、而后冻成的粉团十分相似。

085 茄子

石种：大湾石

规格：14×7.5×7.5cm（大）

这两块形似茄子的大湾石，果形周正，包浆自然，皮色逼真。尤其是前面的那一个，茄子根部的花萼叶片犹在，非常难得。

086 冬瓜

石种：梨皮石

规格：36×15cm

这块乌江梨皮石包浆圆润自然、颜色深绿泛青。其质感坚硬厚重，形似冬瓜。

（五）面食类

087 夹心蛋糕

石种：玛瑙（北大宝石鉴定中心检测，鉴定证书编号为Hy100708366）

规格：5×5×4cm

这块蛋糕象形石表皮色泽金黄，给人以刷油后烤得焦脆的感觉。看上去面质洁白细腻、松软可口；夹心部分糖渍外溢、甜香诱人。此石形状规整、大小适中，堪称面食类观赏石之绝品。

088　香河肉饼

石种：套色碧玉

规格：11×11×5.5cm

此石为白色碧玉和红色碧玉共生物，看上去像一块刚刚切好的肉饼。上下两层为白色面皮，中间黑色的为肉馅。表面的沙漠漆犹如焦黄的油渍，令人食欲大振。

089 玉米摊黄

石种：戈壁石

规格：盘径20cm

这是两块普通的片状戈壁石，但表面金黄灿灿的沙漠漆和油润的质感，让人想起了北方农家饭——玉米摊黄。文革时期生产队里劳动忙，这种食物简便省时，是家常便饭。

090　巧克力奶油蛋糕

石种：碧玉

规格：7×5.6×4cm

这块巧克力色碧玉方方正正，宛如一块刚刚切好的蛋糕。蛋糕的层次纹理清晰可见。尤其难得的是上面附着有一层薄薄乳白色的部分，像是涂抹在上面的奶油，令人垂涎欲滴。

091 黄油千层酥

石种：玛瑙

规格：10×10×3.5cm

这是一块套色玛瑙，层次分明、质感细腻。表皮上附着的沙漠漆，就像涂抹过黄油一般。因其与北方少数民族食品——黄油千层酥相似，故名。

092　果酱脆皮酥

石种：玛瑙

规格：13×7×4.5cm

　　这块套色玛瑙层次分明，表皮色泽金黄，外形美观香糯，看上去开胃可口。因其与用糯米面做成的果酱脆皮酥一样，故名。

093 巧克力脆皮蛋糕

石种：碧玉

规格：14×9×4cm

这块套色碧玉层次分明，表皮呈巧克力色，看上去颇像近年来少年儿童喜爱的一种欧式面点——巧克力脆皮蛋糕。

094 生日蛋糕

石种：玛瑙

规格：6×6×5.5cm

这块颇像蛋糕的玛瑙石太妙了，不但层次分明，色泽艳丽、质感细嫩，而且蛋糕中间还有一支未燃尽的小红蜡烛。这说明今天是宝宝一周岁的生日。

095 馕

石种：碧玉组合

规格：盘径25cm

这三块白碧玉，质地细腻，表面略呈灰黄色，很像新疆常见的一种面食——馕。其中一块像是刚刚烤熟的馕切下来的一部分，还有一块则像因烤焦吃剩下的。此碧玉组合足可以假乱真。

096　糖烧饼

石种：玛瑙

规格：直径13.5cm

这是一块产自东北的玛瑙石，皮
色黄褐油润，侧面层次分明。其形
状、薄厚，与我们早晨上班时在路边
买的糖烧饼一般无二，故名。

097　咸烧饼

石种：大湾石

规格：盘径25cm

咸烧饼与糖烧饼的不同之处不仅是口感，其外形也有所不同，颜色淡黄、质感干脆、面纹清晰。此石将这些特征都表现得淋漓尽致，十分难得。

098　小米锅巴

石种：戈壁石

规格：盘径23cm

这盘戈壁石，仿佛刚刚由粘糊粥块烤制而成的小米锅巴。看上去焦黄色的米粒颗颗毕现，香脆诱人！

099 黄糕

石种：玛瑙组合

规格：盘径20cm

　　这两块鸡油黄玛瑙石，很像北方农村人喜食的黄糕。黄糕由黄米面制成，未油炸的称之为面心糕，其特点是黄、粘、筋、软。这两块状如黄糕的玛瑙石质、形、色惟妙惟肖，令人观之生津。

100 饺子

石种：玛瑙

规格：盘径25cm

　　这盘产自内蒙古戈壁滩上的玛瑙石，不但其形状像水饺，而且其质地颜色细密白润，与真实的水饺一般无二。每个饺子皮上手指掐压的褶皱印痕都清晰可见。有的饺子肉馅油渍已浸出表皮，令人垂涎欲滴。此应为食品类观赏石之珍品。

后记

于瑞军

　　我是河北省张家口市的一名国家公务员。一个偶然的事情，让我走进了观赏石收藏的领域，而且将此业余爱好和本职工作发生了关联。什么事情呢？众所周知，台北故宫有一件镇院之宝，即"东坡肉"石，栩栩如生。我于2009年有幸收藏到了一块红烧肉石，色泽造型纯正天然，不但皮、膘、肉层次分明，而且比例合理，肉皮上的毛孔排列有序，粒粒毕现，其质、形、色比台北故宫的东坡肉石相比毫不逊色，甚至有过之而无不及。后来河北省"冀台友好交流协会"一位领导有过这样一段很精彩的话："台北故宫收藏的肉形石——'东坡肉'，是台北故宫博物院的三件镇院之宝之一，自然造化、鬼斧神工、旷世奇石，是真正的国宝。没想到，类似的东西在大陆又发现了一件，而且我看比台北的那块还要好，太神奇了，太让人高兴了！目前我们两岸关系回暖，真是国运昌隆、奇石献瑞。这是大陆的骄傲，也是河北省人民的骄傲。"

　　我认为这是对我收藏奇石的肯定和鼓励，也使我倍感自豪和光荣。自此之后，我以食品类观赏石为主题的专项收藏，一发而不可收，陆续收藏了一大批的食品类观赏石。本书选录的100种食品类观赏石，就是从中精选出来的，有的已经在《人民日报》、《收藏家》、《中国文物报》、《内蒙古政协》、《中华奇石》等介绍过，在海内外有一定的影响，有不少国内专家学者、海外华人都曾慕名前来鉴赏。为了更好地向海内外赏石界的老师和朋友们汇报介绍我的收藏，根据专家的建议，我辑录了这本图册。

　　为了编好这本书，我基本上走遍了祖国的东南西北，甚至还去了宝岛台湾。通过走访参观全国各地的"满汉全席"之类的奇石宴，对国内食品类观赏石的总体情况有了一个大概的了解，同时也收集了一批食品类观赏石。书中图录的这批"食物"，大部分是从我收集的藏石中本着"力求具象、宁缺毋滥"的原则选出来的，其中有不少是国内孤品。当然，美中不足是在所难免的，贻笑于各位石友，意在抛砖引玉。

为了编好这本书，我还专门挤出工作时间，参加了中国观赏石协会在宁夏石嘴山市举办的"国家观赏石鉴评师培训班"。在编写这本书之初，我对观赏石的鉴评赏析知之甚少，不知道从哪下手，通过学习，开阔了视野，增长了见识，提高了赏石水平，对观赏石人文内涵也有了新的理解。书中的赏析文字，未必妥帖准确，但基本上都是按当代观赏石鉴评标准——质、形、色、纹、意的要求阐述的，不足之处，请各位专家老师不吝赐教。

　　为了编好这本书，我还请教了不少名厨技师和营养学家，查阅了大量饮食文化方面的资料，书中的菜名，都是请高级厨师和相关专业人士反复斟酌后定下来的。之后，我还请专家根据资料进行了核实，不妥之处都做了修改，但挂一漏万是在所难免的。

　　在编写出版此书的过程中，得到了不少老师和朋友的热情支持。我国文物界泰斗杨伯达老师为本书题写了书名，收藏界前辈阎振堂老师和著名文化学者吴廷玉教授为本书作了序，中国观赏石协会副会长朱勃腾先生、中国书画联合会副会长秦润波先生专门为本书藏品题了字。此外，还有王震、方紫钰、王开峰、孙宝成、钱宗飞、武淑萍、王建国、刘滟、李晓宁等友人，也为本书的出版给予了热情的关注和无私的帮助。张家口市民间收藏协会也给予了大力的支持。在此一并表示衷心的感谢！

于瑞军

2012年3月5日

食尾天奇石选

SHIWEITIAN QISHIXUAN

图书在版编目（CIP）数据

食为天奇石选／于瑞军著．—北京：朝华出版社，2012.2
ISBN 978-7-5054-3062-4

Ⅰ．①食…　Ⅱ．①于…　Ⅲ．①石－中国－图录　Ⅳ．① G894－64
中国版本图书馆 CIP 数据核字 (2012) 第 012836 号

食为天奇石选
SHIWEITIAN QISHIXUAN

作　　者：于瑞军

选题策划：王景伟
责任编辑：郭林祥
封面题字：杨伯达
摄　　影：连　旭　许宝宽
装帧设计：神州鸿儒书艺坊◎刘金川
责任印制：王景伟

出版发行：朝华出版社
社　　址：北京市西城区百万庄大街 24 号
邮政编码：100037
订购电话：(010) 68413840　68996050
传　　真：(010) 88415258（发行部）
联系版权：j-yn@163.com
网　　址：www.blossompress.com.cn
印　　制：北京雅昌彩色印刷有限公司
经　　销：全国新华书店
开　　本：635×965 毫米　1/8
印　　张：18
版　　次：2012 年 3 月第一版　2012 年 3 月第一次印刷
印　　数：2000 册
装　　别：精装
书　　号：ISBN 978-7-5054-3062-4

定　　价：280.00 元